BEI GRIN MACHT SICH IHR WISSEN BEZAHLT

AF136954

- Wir veröffentlichen Ihre Hausarbeit, Bachelor- und Masterarbeit

- Ihr eigenes eBook und Buch - weltweit in allen wichtigen Shops

- Verdienen Sie an jedem Verkauf

Jetzt bei www.GRIN.com hochladen und kostenlos publizieren

Forschungsmethoden in der angewandten Statistik. Eine empirische Studie zur Leistungsmotivation bei Frauen und Männern

GRIN ☺

Bibliografische Information der Deutschen Nationalbibliothek:

Die Deutsche Nationalbibliothek verzeichnet diese Publikation in der Deutschen Nationalbibliografie; detaillierte bibliografische Daten sind im Internet über http://dnb.d-nb.de abrufbar.

ISBN: 9783346536662
Dieses Buch ist auch als E-Book erhältlich.

Druck und Bindung: Books on Demand GmbH, Norderstedt Germany
Gedruckt auf säurefreiem Papier aus verantwortungsvollen Quellen

Das vorliegende Werk wurde sorgfältig erarbeitet. Dennoch übernehmen Autoren und Verlag für die Richtigkeit von Angaben, Hinweisen, Links und Ratschlägen sowie eventuelle Druckfehler keine Haftung.

Das Buch bei GRIN: https://www.grin.com/document/1150574

Inhaltsverzeichnis

1 Abstrakt

Im Rahmen des Faches Forschungsmethoden und Statistik, wurde die Tendenz zur Leistungsmotivation untersucht. Hierzu wurde als Messinstrument ein Fragebogen von Modick angewendet. Es wurden insgesamt knapp über 350 Personen befragt. Die Auswertung der Daten erfolgte über SPSS. Hauptsächlich wird auf die Theorie der Leistungsmotivation eingegangen. Ziel dieser Arbeit ist es herauszufinden, ob Frauen zukunftsorientierter sind als Männer oder ob sie in kritischen Situationen mehr Angst haben im Gegenzug zu Männern. Ein wichtiger Punkt ist auch, den Zusammenhang zwischen Bildungsabschluss und Leistungsmotivation herauszustellen, ob Menschen mit hohen Bildungsabschlüssen tatsächlich mehr leistungsmotivierter sind. Für die Interpretation wird auf Geschlechtsdifferenzierung, Stereotypen und Situation-Ergebnis-Erwartung-Modell eingegangen und die Zusammenhänge erläutert. Insgesamt zeigen die Resultate folgendes: Frauen sind nicht zukunftsorientierter als Männer, Frauen geraten in Panikstimmung bei stressigen Situationen und der Bildungsabschluss und die erbrachte Leistungsmotivation hängen nicht zusammen.

As part oft he subject of research methods an statistic, the tendency towards achievement motivation was examined. For this purpose, Modick questionnaire was used as a measuring instrument. A total of just over 350 people were interviewed. The evaluation of he data via SPSS. The main focus is on the theory of achievement motivation. The aim of this work ist o find out whether women are future-oriented than man or whether they are more afraid than men in critical situations. Another important achievement-motivated. For the interpretation, gender differentiation, stereotypes and the situation-result-expectation model are discussed and the relationships are explained. According tot he evaluations, the results are as follows: women are not more future-oriented than men, women panic in stressful situations and the educational qualifikation and the achievement motivation are not related.

2 Einleitung

Warum handelt der Mensch gerade so, wie er handelt? Die Motivationsforschung beschäftigt sich genau mit dieser Frage, warum Menschen gerade das tun, was sie tun und wie sie es tun. Konkret geht es darüber, welche Prozesse die Intensität und Richtung von Verhaltensweisen bestimmen. (Hess, Leplow, & von Salisch, 2017, S. 15)

Wenn man mehr über die Handlungsmotivation von Personen erfahren möchte, ist es sinnvoll, sie nach Ihrer Situation zu befragen, in dieser Sparte mangelt es nicht an Fragebögen, die Aussagen über jeweilige Verhaltensmerkmale und Leistungsmotivationen liefern. Eine positive Rückmeldung, bei Betrachtung der Fragebögen gibt Hinweise darauf, dass die Person einen starken Wunsch hat und Leistungsmotiviert handelt. Jedoch können hier auch durch falsche Selbsteinschätzung, fehlende Auswertungen gezogen werden. Daher wurden auch andere Möglichkeiten entwickelt, wie z.B. von McClelland 1980 ein operantes Verfahren zur indirekten Messung von Motiven, die ebenfalls Leistungsmotivation misst. Eines davon ist der Thematische Auffassungstest so genannte TAT, ein Projektionsverfahren, hier werden dem Teilnehmer, ca. 20 Sekunden, sieben Bilder von Personen in bestimmten Lebenssituationen gezeigt, anschließend erzählt man eine Geschichte zu dem gezeigten Bild. Anhand der erfundenen Geschichten sollen Gedanken, Bedürfnisse und Gefühle hervorgehen, die der Beobachter interpretiert. (Heckhausen & Heckhausen, 2010, S. 147) In dieser Studienarbeit wird die Leistungsmotivation über die Auswertung von hunderten Personen anhand eines Fragebogens gemessen und mit statistischen Berechnungen mehrere Annahmen überprüft. Für die Forschung sind neben der Leistungsmotivation auch Themen relevant wie die Zukunftsorientierung und welche Geschlechtsdifferenzierungen hier auftauchen.

Dazu werden erst theoretische Merkmale der Leistungsmotivation näher erläutert, um im Anschluss darauf die Hypothesen vorzustellen. Die Hypothesen sollen Ergebnisse darüber liefern, ob es einen Unterschied zwischen den Geschlechterrollen und der Zukunftsplanung gibt oder ob Frauen in bestimmten Stresssituationen mehr Angst haben, Fehler zu begehen. Zu guter Letzt, wird noch geprüft, ob es einen Zusammenhang gibt, zwischen Bildungsabschluss und Leistungsmotivation. Ist es wahr, dass Menschen mit höheren Bildungsabschlüssen leistungsmotivierter sind als Menschen, die keinen oder einen niedrigen Bildungsabschluss haben?

Um die Prüfung zu gewährleisten, werden methodische Bereiche, wie die Stichprobe, das Forschungsdesign und die gewählten statistischen Verfahren zur Berechnung der Ergebnisse näher beschrieben. Abschließend werden die Ergebnisse vorgestellt und interpretiert.

2.1 Theoretischer Hintergrund

Um die Merkmale dieser Studie besser zu verstehen, wird an erster Stelle auf die Ursprünge der Leistungsmotivation eingegangen. Es werden verschiedene Bereiche der Motivationsforschung aufgeführt. Im Anschluss dieses Kapitels werden noch die Forschungshypothesen der Studie beschrieben.

2.2 Ursprünge der Leistungsmotivation

Schon 1938, forschte Henry A. Murray, ein US-amerikanischer Psychologe, in seinen Untersuchungen als „n(eed) Achievement" so genannte Leistungsmotivation und hat es mit folgenden Eigenschaften beschrieben: Meistern von schwierigen Aufgaben, Überwindung von Problemen, etwas besser und schneller machen, ein hohes Niveau erreichen, das eigene Talent gegenüber anderen demonstrieren und andere im Wettbewerb schlagen.

McClelland baute diese Aussage weiter aus und definierte 1953 Leistungsmotivation wie folgt: „Ein Verhalten gilt als leistungsmotiviert, wenn es um die Auseinandersetzung mit einem Tüchtigkeitsmaßstab geht". Somit zählt Leistung zu den am meisten untersuchten Motiven, da diese Definition es erlaubt, grundsätzlich alle Aktivitäten als leistungsmotiviert zu betrachten. (Heckhausen & Heckhausen, 2010, S. 145)

Die Leistungsmotivationsforschung wird in erfolgszuversichtlichen und misserfolgsmeidenden Menschen getrennt. Menschen die erfolgssicher sind, bewältigen die Aufgaben und verbinden dies mit stolzen Gefühlen. Um die Erfolgschancen zu erhöhen, bevorzugen sie mittelschwere Aufgaben und vermeiden sowohl leichte Aufgaben als auch schwierige Situationen um nicht zu Scheitern. Misserfolgsmotivierte Menschen dagegen bevorzugen entweder leichte Aufgaben oder besonders Schwierige. Dadurch wird ihr Selbstwertgefühl geschützt, da die Chance zu Versagen nicht hoch ist und bei schwierigen Aufgaben der Misserfolg kein Grund zur Sorge ist. (Schermer, 2011, S. 205)

2.2.1 Definition Motivation

Motivation wird in der Wissenschaft als noch ein offenes Konstrukt betrachtet, mit der man zielgerecht versucht das menschliche Handeln zu erklären. Definiert wurde es von Rheinberg (Rheinberg, 2004, S. 15) als „eine aktivierende Ausrichtung des momentanen Lebensvollzugs auf einen positiv bewerteten Zielzustand". Das bedeutet, wenn man etwas wirklich erreichen will, so ist man höher motiviert und damit verfolgt man einen positiven Zielzustand. Die Komponenten der Motivation unterscheidet sich in mehrere Komponenten, wie Selbstbilder, Willensprozesse, Affekte/Emotionen und am wichtigsten auf Werte und Erwartungen, auf die im Weiteren detailliert eingegangen wird. (Vollmeyer & Brunstein, 2005, S. 8f)

2.2.2 Werte und Erwartungen

In der Motivationspsychologie besteht die Annahme dazu, dass Menschen entsprechend ihren Motiven handeln. Diese stehen als zeitlich stabile Persönlichkeitsmerkmale, die eine Tendenz darstellen um bestimmte Tatsachen oder Objekte als gut oder schlecht einzuschätzen. Es werden zwischen drei Motivarten unterschieden, die Situationsbedingt aktiviert werden: 1. Leistungsmotiv, wenn Menschen sich Ziele an Gütemaßstäben legen, 2. Machtmotiv, wenn Menschen, das Verhalten und Erleben von anderen Menschen beeinflussen und 3. Anschlussmotiv, dadurch haben Menschen das Ziel, unterschiedlich positive Beziehungen aufzubauen. Das Situation-Ergebnis-Erwartung-Modell ist in der Abbildung dargestellt, dieses besagt welches und ob ein Motiv angeregt wird, hängt von dem jeweiligen Anreiz bzw. Situation ab. Dies führt zu einer starken Motivation und wirkt sich letzteres auf das Verhalten der Person aus. (Heckhausen & Heckhausen, 2010, S. 5)

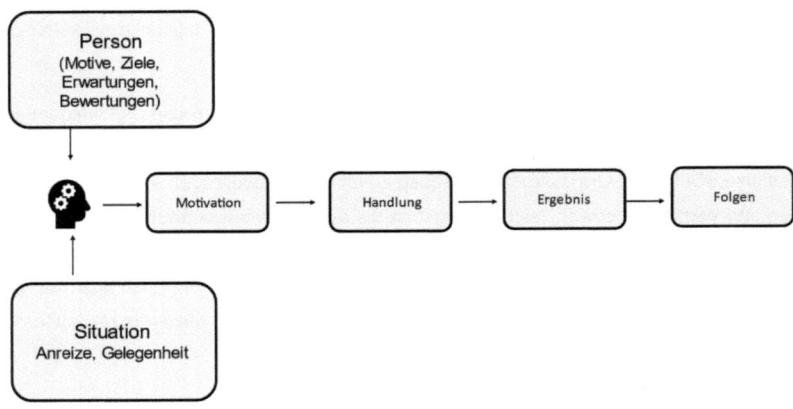

Abbildung 1: Das Situation-Ergebnis-Erwartung Modell (In Anlehnung von Heckhausen)

2.2.3 Risiko-Wahl-Modell

Das Risiko-Wahl-Modell von Atkinson spiegelt sich im Grunde beim Erwartungs-Wert-Modell wider, dieser besagt, dass Menschen die Konsequenzen der Handlungen abwägen und sich so motivieren. Dem fügte er noch eine dritte Variable, nämlich das Motiv, Erfolg zu erzielen. Die Formel setzt sich wie folgt zusammen: Motivationstendenz ergibt sich aus Motivationserfolg x Wahrscheinlichkeit auf Erfolg x Anreiz des Erfolges.

2.3 Zukunftsorientierung

Zukunftsorientierung wird nach Lewins Theorie der Zeitperspektive und unter der Bezugnahme auf das oben genannte Erwartungs-Wert-Theorie als Antizipation und deren Bewertung zukünftiger Ereignisse verstanden. Dies bedeutet, dass verschiedene Aspekte der Zukunftsrichtung erfasst werden müssen: die Unterscheidung der Antizipation der Geschehnisse in der Zukunft, die sich positiv oder negativ in die Bewertung und erwarteten zukünftigen Entwicklungen auswirken. Dazu ist es wichtig, die individuellen Unterschiede der Zukunftsorientierung nach individuellen Theorien zu untersuchen, dabei sind Art und Form der Zukunftsorientierung von großer Bedeutung z.B. wie die Person die Zukunft und ihre eigenen sozialen Interaktionen antizipiert und bewertet in Bezug auf die gegenwärtige und zukünftige Umwelt. Daher können verschiedene Eigenschaften der Orientierung bei Frauen und Männern auftreten, je nach theoretischen Präferenzen, biologischen Merkmalen, sozialen oder kognitiven motivationalen Merkmalen entstehen. (Burger & Trommsdorff, 1980)

2.4 Forschungsfragestellungen und Hypothesen

Die unbewiesene Annahme über einen theoretisch möglichen Zusammenhang zwischen mehreren Variablen, die für eine Gesamtheit gelten sollen, bezeichnet man als Hypothese. Wichtig sind hier unter anderem, dass die Fragestellung präzise und widerspruchsfrei formuliert werden, widerlegbar und begründbar sind. (Hussy, Schreier, & Echterhoff, 2010, S. 29f) Unter Berücksichtigung der oben genannten Voraussetzungen werden in dieser Forschungsarbeit folgende Annahmen untersucht, ob Frauen zukunftsorientierter sind als Männer, welches Geschlecht in kritischen Situationen ängstlicher handelt, und ob sich der Bildungsabschluss auf die Leistungsmotivation auswirkt. Als erstes wird anhand einer Unterschiedshypothese untersucht, ob Frauen zukunftsorientierter denken als Männer. Empirische inhaltliche Hypothese lautet:

„Frauen sind zukunftsorientierter als Männer".

Die zweite Hypothese befasst sich mit der Annahme, dass Frauen in kritischen Situationen mehr Angst haben Fehler zu begehen als Männer. Hier lautet die empirisch inhaltliche Hypothese wie folgt:

„Frauen haben mehr Angst in kritischen Situationen Fehler zu begehen als Männer".

Hypothese drei beschäftigt sich mit dem Zusammenhang der Leistungsmotivation und dem Bildungsabschluss. Wirkt sich der Erwerb eines hohen Bildungsabschusses auf die Leistungsmotivation positiv aus? Somit ergibt sich die empirische inhaltliche Hypothese:

„Je höher der Bildungsabschluss, desto höher auch die Leistungsmotivation".

3 Methode
Im Folgenden werden die methodischen Aspekte vorgestellt, die zur Überprüfung der oben genannten Hypothesen verwendet werden.

3.1 Stichprobe
Die Datenerhebung wurde im Zeitraum vom 20.05.2021 bis 20.06.2021 durchgeführt. Der verwendete Fragebogen „Leistungsmotivation" ist von der GESIS – Leibniz-Institut für Sozialwissenschaften. (Modick, 1997) Es haben 373 freiwillige und anonyme Probanden an der Umfrage teilgenommen.

Davon wurden jedoch insgesamt 19 Teilnehmer für die weitere Bearbeitung ausgeschlossen. Diese Anzahl von Teilnehmer erschließt sich aus der Bearbeitungsdauer. Es wurden vorab 15 Teilnehmer gelöscht, die laut SPSS eine Dauer unter 5 Minuten hatten, da eine Bearbeitung in so einer kurzen Zeit, ein Indiz dafür ist, das die Umfrage nur durchgeklickt und nicht seriös bearbeitet wurde. Die restlichen 4 Teilnehmer hatten im Gegenzug dazu eine zu lange Bearbeitungszeit, länger als eine Stunde. Hier ist davon auszugehen, dass die Umfrage für einen längeren Zeitraum nicht bearbeitet wurde und um Ausreiser zu vermeiden, werden diese Teilnehmer auch gelöscht. Somit wurde die Berechnung mit 354 Teilnehmer fortgesetzt.

Als nächstes werden wichtige Häufigkeitsverteilungen der Variablen aufgezeigt, die zur Beschreibung der Befragten und der Hypothesen dienen.

Wie ist Ihr Geschlecht?

		Häufigkeit	Prozent	Gültige Prozente	Kumulierte Prozente
Gültig	Männlich	161	45,5	45,5	45,5
	Weiblich	193	54,5	54,5	100,0
	Gesamt	354	100,0	100,0	

Abbildung 2: Häufigkeitsverteilung Geschlecht (eigene Darstellung durch SPSS)

Laut der Abbildung ist zu erkennen, dass 193 Frauen und 161 Männer an der Umfrage teilgenommen haben. Das bedeutet, das an der Umfrage 9 Prozent mehr Frauen teilnahmen. Da laut den Auswertungen des Fragebogens, kein diverses Geschlecht teilgenommen hat, wurde dieser sowohl in der Abbildung als auch bei den Auswertungen nicht zusätzlich berücksichtigt.

Die folgende Abbildung zeigt die Häufigkeiten, der jeweiligen Bildungsabschlüssen dar.

Was ist Ihr höchster Bildungsabschluss?

		Häufigkeit	Prozent	Gültige Prozente	Kumulierte Prozente
Gültig	Kein Abschluss	4	1,1	1,1	1,1
	Hauptschulabschluss	4	1,1	1,1	2,3
	Master	19	5,4	5,4	7,7
	Promotion	1	,3	,3	8,0
	Realschulabschluss	41	11,6	11,6	19,6
	Fachhochschulreife	64	18,1	18,2	37,8
	Allgemeine Hochschulreife	80	22,6	22,7	60,5
	Berufsausbildung	53	15,0	15,1	75,6
	Fachwirt IHK	14	4,0	4,0	79,5
	Bachelor	49	13,8	13,9	93,5
	Betriebswirt IHK	4	1,1	1,1	94,6
	Diplom	19	5,4	5,4	100,0
	Gesamt	352	99,4	100,0	
Fehlend	Anderer	2	,6		
Gesamt		354	100,0		

Abbildung 3: Häufigkeitsverteilung Bildungsabschluss (eigene Darstellung durch SPSS)

Man kann deutlich erkennen, dass eine Mehrzahl der Befragten einen höheren Bildungsabschluss wie Bachelor, Diplom oder eine Hochschulreife haben. Der größte Anteil der Befragten mit 22.6 % besitzt über eine allgemeine Hochschulreife. Als zweites folgt direkt, Fachhochschulreife mit 18.1 %. Weniger als zwei Prozent der Befragten weißen entweder einen Hauptabschluss oder gar kein Abschluss vor. Zwei der Teilnehmer haben keinerlei Angaben gemacht.

3.2 Untersuchungsdesign

Die Erhebung wurde mit Hilfe von empirio.de, eines Onlineportals für Umfragen an die Teilnehmer verschickt. Onlinebefragungen werden in der heutigen Zeit immer öfters und gerne eingesetzt. Vorteile sind selbstverständlich geringe Kosten und Zeitersparnisse, das sowohl für die Teilnehmer als auch für die Beobachter sich positiv auswirkt. Durch eine online Befragung ist man nicht räumlich eingegrenzt, man kann von überall teilnehmen auch

Netznutzer die zufällig auf der Homepage von Empirio darauf stoßen können diese bearbeiten. Somit bestehen große Chancen mehr Reichweite zu erlangen. (Bortz & Döring, 2007, S. 260) Diese Befragung wurde im Fach, Forschungsmethoden und angewandte Statistik an der Fachhochschule für angewandtes Management an mindestens 10 Teilnehmer per direktem Linkzugang zum Fragebogen verschickt. 354 Probanden haben per Link anonym auf der Homepage an der Umfrage teilgenommen. Die zusätzlichen 8 Probanden haben direkt über das Portal empirio.de teilgenommen.

3.3 Instrumente

Für die Erfassung der Tendenz zur Leistungsmotivation wurde das Konstrukt von Modick. H. verwendet. Das Konstrukt wird dabei in 3 Bereiche gegliedert: „Hoffnung auf Erfolg", „Furcht vor Misserfolg" und „Allgemeines Leistungsbedürfnis". (Modick, 1997) Die Skala wurde auf der Basis Alpert und Haber (1960), Heckhausen (1963,1965) und Hermann erstellt. (Modick, 1997). Der Fragebogen umfasst 58 Items, der von den Teilnehmern auf einer sechsstufigen Likert-Sakal von 1 (trifft gar nicht zu) bis 6 (trifft vollständig zu) beantwortet wurde. Die Subskalen haben sich eingeteilt in „zukunftsbezogene Leistungsmotivation", „Leistungshemmende Angst" und „Leistungsfördernde Spannung". Der Originaltest wurde zur Bearbeitung hauptsächlich an 23-25-jährigen Studenten verschickt. Die Analyse weist eine interne Konsistenz von Chronbach Alpha $\alpha=.84$ und bei der Retest-Reliabiliät zwischen $\alpha=.66$ bis .79 somit ist für das Messinstrument einer konvergenten Validität auszugehen (Modick, 1997). Auch für die Qualität des Fragebogens müssen folgende drei Gütekriterien gegeben sein: Objektivität, Reliabilität und Validität. Ein Ergebnis ist dann objektiv, wenn abweichend vom Test die gleichen Ergebnisse erzielt werden, d.h. es ist benutzerunabhängig. Reliabilität spiegelt sich in der Zuverlässigkeit der Messgenauigkeit wider. (Bortz & Döring, 2007, S. 195f) Zu guter Letzt, ist die Validität auch eines der wichtigsten Gütekriterium, hier wird die Tatsache gemessen, ob auch das gemessen wird, was man vorgibt. Mit der Messung der Leistungsmotivation trifft somit auch das dritte Gütekriterium zu. (Bortz & Döring, 2007, S. 200)

Nach Kontrolle des Originalfragebogens, werden auch die Gütekriterien für diese empirische Studie geprüft. Es wurden für alle Items anhand der Reliabilitätsanalyse in SPSS geprüft, ob die Messgenauigkeit auch in diesem Fall zuverlässig ist. Im Anhang ist die Reliabilitätsanalyse zu sehen, dieser berechnet für die 58 Items im Fragebogen einen Homogenitätsindex Alpha nach Chronbach von .832 aus. Bei empirischen Forschungen geht man von einem reliablen Test aus, wenn dieser Wert größer als 0,6 ist, dies trifft hierbei zu. (Eckstein, 2012, S. 303)

3.4 Gewählte statistische Verfahren

Die statistische Datenanalyse dreht sich auf der Grundlage, der in der Stichprobe beobachteten und berechneten Kennzahlen, Rückschlüsse auf die Grundgesamtheit einer Stichprobe zu ziehen. (Brosius, 2018, S. 557) Dafür werden in dieser Arbeit zweierlei statistische Verfahren verwendetet. Einmal der T-Test bei unabhängigen Stichproben und zum anderen die Rangkorrealtion nach Spearman, auf die im Weiteren tiefer eingegangen wird.

Bei einem T-Test mit unabhängigen Stichproben vergleicht man zwei Mittelwerte $\mu 1$ und $\mu 2$. Hier geht man der Frage nach, ob die beiden Mittelwerte sich in der Grundgesamtheit voneinander unterscheiden. Wichtig hierbei ist, dass der Vergleich der Mittelwerte aus zwei voneinander unabhängigen Stichproben stattfindet, mindestens intervallskaliert und eine Normalverteilung vorliegt. Angewendet auf die erste Hypothese, ob Frauen ängstlicher in kritischen Situationen sind Fehler zu begehen als Männer, wird die leistungshemmende Angst, also die Mittelwerte derselben Variablen in zwei verschiedenen Fallgruppen, nämlich Männer und Frauen, verglichen.

Der Rangkorrelationskoeffizient von Spearman, wird zur Messung der Stärke des Zusammenhangs bei mindestens ordinalskalierten Merkmalen verwendet. Der Grad der Übereinstimmung von den Merkmalen, wird anhand von Rangordnungen verglichen (Bourier, 2013, S. 218)

4 Ergebnisse

Im Folgenden werden die Ergebnisse der Untersuchung dargestellt. Als erstes wurden Reliabilitätsanalysen für die Leistungsmotivation berechnet. Zur Hypothesenprüfung wurden t-Tests und Korrelationsanalysen berechnet. Es wurde für alle Berechnungen SPSS benutzt.

4.1 Ergebnisse bzgl. der 1. Hypothese mit t-Test

Im Folgenden wurden für die erste Hypothese betrachteten Variablen auf Normalverteilung anhand eines Q-Q-Diagrammes geprüft. Da der beobachtende Wert auf dem erwarteten Wert liegt, kann man in diesem Fall von einer Normalverteilung ausgehen. Nahezu alle Werte liegen auf der Geraden. Somit ist die Voraussetzung für einen T-Test mit unabhängigen Variablen gegeben. Wie auch oben bereits erwähnt, steht 0 für männliche Probanden und 1 für weibliche Probanden.

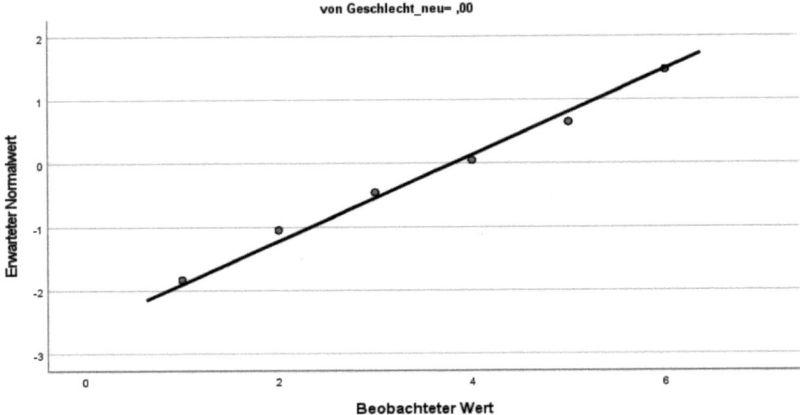

Abbildung 4: Q-Q-Diagramm: 1. Hypothese, Geschlecht männlich (eigene Darstellung durch SPSS)

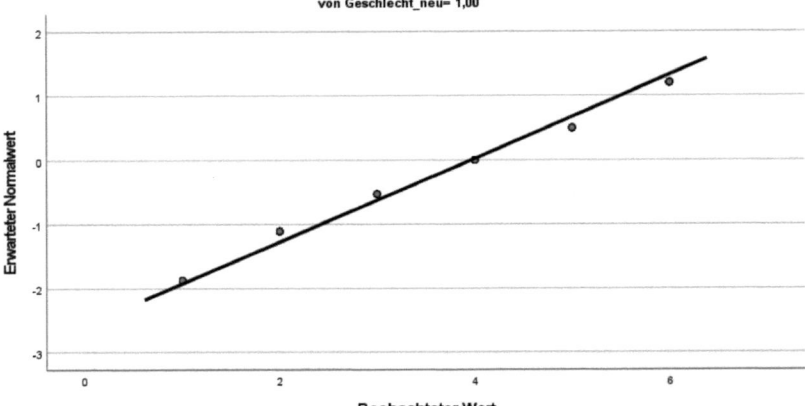

Abbildung 5: Q-Q-Diagramm: 1. Hypothese, Geschlecht weiblich (eigene Darstellung durch SPSS)

Zunächst werden deskriptive Statistiken für Männer und Frauen und dem Item Nr. 54 „Ich versuche, meine Leben über einen längeren Zeitraum hinweg zu planen" ausgegeben, um den Mittelwert und die Standardabweichung zu betrachten:

Gruppenstatistiken

	Geschlecht_neu	N	Mittelwert	Std.-Abweichung	Standardfehler des Mittelwertes
Ich versuche, mein Leben über einen längeren Zeitraum hinweg zu planen.	,00	161	3,81	1,477	,116
	1,00	193	3,96	1,542	,111

Abbildung 6: Gruppenstatistik (eigene Darstellung durch SPSS)

Test bei unabhängigen Stichproben

		Levene-Test der Varianzgleichheit		t-Test für die Mittelwertgleichheit						95% Konfidenzintervall der Differenz	
		F	Sig.	T	df	Einseitiges p	Zweiseitiges p (Signifikanz)	Mittlere Differenz	Differenz Standardfehler	Unterer Wert	Oberer Wert
Ich versuche, mein Leben über einen längeren Zeitraum hinweg zu planen.	Varianzen sind gleich	,061	,805	-,968	352	,167	,334	-,156	,161	-,474	,161
	Varianzen sind nicht gleich			-,972	345,350	,166	,332	-,156	,161	-,473	,160

Abbildung 7: t-Test bei unabhängigen Strichproben (eigene Darstellung durch SPSS)

Die erste Hypothese soll den Unterschied von Frauen und Männern und deren zukunftsorientierten Planung anhand eines T-Tests aufzeigen.

HO: $\mu1=\mu2$ Frauen sind nicht zukunftsorientierter als Männer

H1: $\mu1 \neq \mu2$ Frauen sind zukunftsorientierter als Männer

Als erstes wird mit Hilfe des Levene-Tests die Varianzgleichheit geprüft. Hier wird ein Signifikanzwert von $p = .805$ angegeben, der größer ist als .05. Die Nullhypothese beim Lavene Test besagt somit, dass die Varianzen gleich. Somit muss die erste Zeile betrachtet werden. Die Teststatistik liegt bei $t = -.968$ und ist somit kleiner als 0. Auch ein Indiz dafür, dass der zweite Mittelwert (weiblich) größer ist als der erste Mittelwert (männlich) in der Gruppenstatistik. Als nächstes muss die zweiseitige Signifikanz betrachtet werden, dieser Wert liegt bei $p = .334$ und ist somit größer als 0.05. Somit gibt es keinen statistisch signifikanten Unterschied zwischen der Geschlechtsverteilung und Zukunftsorientierung, t (352) = -,968, $p= ,334$;

Stichprobe 1 ($M =3.81$, $SD=1,477$); Stichprobe 2 ($M=3.96$, $SD=1,542$)

4.2　Ergebnisse bzgl. der 2. Hypothese mit t-Test

An erster Stelle wird auch hier auf die Normverteilung geprüft, damit die Voraussetzungen für den t-Test gegeben sind. Da die beobachtbaren Werte auf der zu erwarteten Werte liegen, ist hier die Normalverteilung gegeben.

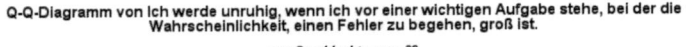

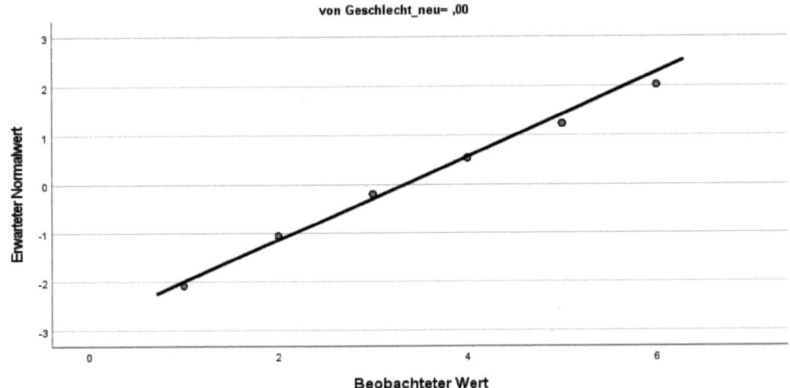

Abbildung 8: Q-Q-Diagramm: 2. Hypothese, Geschlecht männlich (eigene Darstellung durch SPSS)

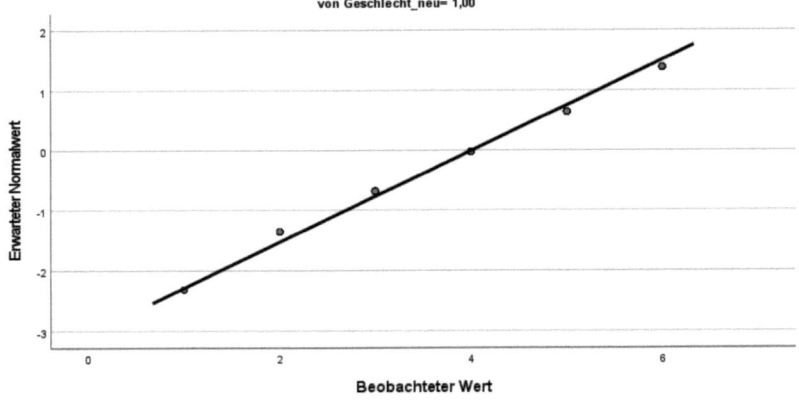

Abbildung 9: Q-Q-Diagramm: 2. Hypothese, Geschlecht weiblich (eigene Darstellung durch SPSS)

Die Ergebnisse der zweiten Hypothese werden auch wie in 4.2. berechnet. Als erstes wird für den Item Nr. 17 „Ich werde unruhig, wenn ich vor einer wichtigen Aufgabe stehe, bei der die Wahrscheinlichkeit, einen Fehler zu begehen, groß ist" die Gruppenstatistik aufgezeigt.

Gruppenstatistiken

	Geschlecht_neu	N	Mittelwert	Std.-Abweichung	Standardfehler des Mittelwertes
Ich werde unruhig, wenn ich vor einer wichtigen Aufgabe stehe, bei der die Wahrscheinlichkeit, einen Fehler zu begehen, groß ist.	,00	161	3,34	1,167	,092
	1,00	193	4,01	1,315	,095

Abbildung 10: Gruppenstatistik (eigene Darstellung durch SPSS)

Test bei unabhängigen Stichproben

		Levene-Test der Varianzgleichheit		t-Test für die Mittelwertgleichheit						
						Signifikanz			Differenz für Standardfehle r	95% Konfidenzintervall der Differenz
		F	Sig.	T	df	Einseitiges p	Zweiseitiges p	Mittlere Differenz		Unterer Wert	Oberer Wert
Ich werde unruhig, wenn ich vor einer wichtigen Aufgabe stehe, bei der die Wahrscheinlichkeit, einen Fehler zu begehen, groß ist.	Varianzen sind gleich	,602	,438	-5,060	352	<,001	<,001	-,675	,133	-,937	-,413
	Varianzen sind nicht gleich			-5,114	350,633	<,001	<,001	-,675	,132	-,935	-,415

Abbildung 11: t-Test bei unabhängigen Stichproben (eigene Darstellung durch SPSS)

Somit lautet die H0: $\mu1=\mu2$ Frauen sind nicht ängstlicher in kritischen Situationen, Fehler zu begehen als Männer. H1: $\mu1 \neq \mu2$ Frauen sind ängstlicher in kritischen Situationen, Fehler zu begehen als Männer.

Der Levene-Test wird als erster auf die Varianzhomogenität geprüft. Hier wird ein Signifikanzwert von $p = .438$ angegeben, dieser ist $> .05$. Somit ist Varianzgleichheit gegeben und wir betrachten die erste Zeile. Die Teststatistik liegt bei $t = -,5.060$, da dieser Wert < 0 ist, ist auch hier der Nachweis gegeben, dass der Mittelwert der Gruppe 1 (weiblich) höher ist als Gruppe 0 (männlich). Anschließend wird die zweiseitige Signifikanz betrachtet, dieser Wert liegt bei $p < .001$ und ist somit kleiner als 0.05. Das Ergebnis lautet daher, es gibt einen statistisch signifikanten Unterschied zwischen der Geschlechtsverteilung und leistungshemmende Angst. Somit kann die Nullhypothese verworfen werden und die Alternativhypothese wird angenommen.

$t(352) = -5.060$, $p < .001$; Stichprobe 1 ($M = 3.34$, $SD = 1.167$); Stichprobe 2 ($M = 4.01$, $SD = 1.315$)

4.3 Ergebnisse bzgl. der Hypothesen mit Korrelationsanalyse

Korrelationen

			Bildungsabsc hluss	Summe Leistungsmot ivation
Spearman-Rho	Bildungsabschluss	Korrelationskoeffizient	1,000	-,013
		Sig. (2-seitig)	.	,812
		N	354	354
	Summe Leistungsmotivation	Korrelationskoeffizient	-,013	1,000
		Sig. (2-seitig)	,812	.
		N	354	354

Abbildung 12: Korrelation nach Spearman-Rho (eigene Darstellung durch SPSS)

Die dritte Hypothese: „Je höher der Bildungsabschluss, desto höher die Leistungsmotivation" wird nach der Rangkorrelation nach Spearman-Rho analysiert. H0: $\mu1=\mu2$ Es besteht kein Zusammenhang zwischen Bildungsabschluss und Leistungsmotivation H1: $\mu1 \neq \mu2$ Es besteht ein Zusammenhang zwischen Bildungsabschluss und Leistungsmotivation.

Die Korrelation zwischen Bildungsabschluss und Leistungsmotivation beträgt $r = -.013$. Die Signifikanz von $p = .812$, liegt über dem typischen Alphaniveau von 0.05. Somit wird die Nullhypothese angenommen, da laut Auswertung die Werte nicht miteinander korrelieren, $r = -.013$, $p = .812$, $n = 354$

Da $r < 0$ und somit der Korrelationskoeffizient ein negatives Vorzeichen hat, handelt es sich hierbei um einen negativen Zusammenhang der beiden Variablen. Laut Cohen (1992) entspricht der Korrelationskoeffizient von ,013 einem schwachen Effekt.

5 Diskussion

5.1 Interpretation der Ergebnisse

In dieser Studienarbeit wurde sowohl Leistungsmotivation als gesamtes Konzept untersucht als auch auf die einzelnen Subdimensionen, wie leistungshemmende Angst und zukunftsorientierte Leistung eingegangen. In den zwei von drei untersuchten Fragestellungen konnte kein Zusammenhang festgelegt werden. Auf Weiteres wird unten pro Hypothese eingegangen:

Als erstes wurde geprüft ob, es einen Unterschied zwischen den Geschlechtsrollen und der Zukunftsorientierung gibt. Die Ergebnisse laut t-Test weisen auf ein nicht signifikantes Ergebnis, das heißt es gibt keinen Unterschied, der darauf hinweist, dass Frauen länger in die Zukunft vorausplanen als Männer. Die Bildung eines Urteils zeichnet sich dadurch aus, dass eine Vermutung gebildet wird, die aus Vorurteilen von schwachen oder starken Ereignissen, unter der Annahme der Realität abweicht. Diese Zusammenhänge oder implizite Annahmen beruhen oft auf Stereotypen oder sozialen Konventionen, die dadurch die Implikation der Ergebnisse verzerren. (Werner, 2006, S. 256). Die Einstufung in Stereotypen zwischen den Geschlechterrollen, hängt von den traditionellen Werten ab, wie das Frauen weniger Berufsorientiert, sondern Familienorientiert und vorausschauend in die Zukunft planen. Laut dieser Forschung kann man davon ausgehen, dass sowohl Frauen als auch Männer gleichermaßen Ihre Zukunft planen. Bei den Zukunftsplanung ist anscheinend nicht das Geschlecht maßgeblich, sondern wie stark die vorausgesetzten Ziele des jeweiligen Menschen sind. Manche nehmen sich große und längere Ziele vor, andere wiederum kleinere und kurzfristigere Ziele. Wie bereits Burger 1980 in Ihrem Zeitungsartikel erwähnte, können verschiedene Eigenschaften auftreten, unabhängig vom Geschlecht aber in Abhängigkeit nach theoretischen Präferenzen, biologischen Merkmalen, sozialen oder kognitiven motivationalen Merkmalen.

Die zweite Hypothese ist statistisch signifikant und daher kann man davon ausgehen, dass Frauen in kritischen Situationen eher dazu neigen in Panik zu geraten als Männer. Vor allem Angst- und Stressgefühle, sind überwiegend bei „typischen weiblichen" Verhalten zu beobachten. Auch in dieser Umfrage, korreliert die Variable leistungshemmende Angst überwiegend mit den weiblichen Teilnehmerinnen. Dieses Ergebnis interpretiert der Autor, dass Frauen eher misserfolgsmotivierte Menschen sind und sich daher für schwierige Aufgaben entscheiden und schneller in Stresssituationen geraten als Männer. (Schermer, 2011, S. 205)

Der letztere Test beweist, dass es nicht notwendig ist, einen hohen Bildungsabschluss zu haben um stark leistungsorientiert zu handeln. Es können sowohl Menschen mit niedrigen als auch mit hohen Qualifikationen starke Leistungen erbringen. Zur Interpretation wird ein fiktives Alltagsbeispiel verwendet. Ein Kfz-Mechaniker mit einem Hauptabschluss und ein Rechtsanwalt mit einem Diplom sind beide in Ihren Fachgebieten leistungsmotiviert, wenn sie an der Arbeit Spaß haben. Daher ist ein Zusammenhang zwischen den beiden Variablen nicht möglich.

5.2 Limitationen und zukünftige Forschungen

In dieser Arbeit wurden ausschließlich knapp über 300 Personen befragt, das bedeutet das man keine starken allgemeinen Aussagen ziehen kann. In diesem Zusammenhang wäre es daher erstrebenswert, Forschungen durchzuführen, wo die Möglichkeit besteht, noch mehr Probanden zu befragen. Fragebögen für weitere Untersuchungen sind für Leistungsmotivation genug vorhanden, interessant wäre es zu sehen, ob die Selbsteinschätzung und

Fremdeinschätzung auch übereinstimmen oder ob es Diskrepanzen gibt. Es wäre zwar aufwendig, aber für die Forschung realisierbar, die Teilnehmer sowohl mit einem kürzeren Fragebogen befragen als auch anhand des Thematischen Auffassungstestes zu beobachten. Anschließend sollten die Ergebnisse zusammengeführt und ausgewertet werden. Vorstellbar wäre die Einführung solch eines Fragebogens auch für die Arbeitswelt. Das man als Mitarbeiterbefragung die Leistungsmotivation der Angestellten erkennt. Wenn die Leistungsmotivation bezüglich der Geschlechterrollen intensiver geprüft werden will, müssten auch einige Fragen an die subjektive Wahrnehmung der Geschlechterrollen angepasst werden.

6 Literaturverzeichnis

Bortz, J., & Döring, N. (2007). *Forschungsmethoden und Evaluation: für Human- und Sozialwissenschaftler.* Springer.

Bourier, G. (2013). *Beschreibende Statistik: Praxisorientierte Einführung - Mit Aufgaben und Lösungen.* Springer Fachmedien Wiesbaden GmbH.

Brosius, F. (2018). *SPSS: Umfassendes Handbuch zu Statistik und Datenanalyse.* mitp.

Burger, C. (4. 10 1980). Geschlechtsdifferenzen in der Zukunftsorientierung. *Zeitschrift für Soziologie,* S. 366-377.

Dempster, M., & Donncha, H. (2017). *Forschungsmethoden der Psychologie und Sozialwissenschaften für Dummies.*

Eckstein, P. (2012). *Angewandte Statistik mit SPSS: Praktische Einführung für Wirtschaftswissenschaftler.* Springer Gabler .

Heckhausen , J., & Heckhausen, H. (2010). *Motivation und Handeln.* Springer Berlin.

Hess, U., Leplow, B., & von Salisch, M. (2017). *Allgemeine Psychologie II: Motivation und Emotion.* Kohlhammer Verlag.

Hussy, W., Schreier, M., & Echterhoff, G. (2010). *Forschungsmethoden in Psychologie und Sozialwissenschaften für Bachelor.* Springer Berling.

Modick, H.-E. (1997). *ZIS Gesis.* Von https://zis.gesis.org/skala/Modick-Leistungsmotivation-(Modick) abgerufen

Rheinberg, F. (2004). *Motivation.*

Schermer, F. J. (2011). *Grundlagen der Psychologie.* Kohlhammer Verlag.

Vollmeyer, R., & Brunstein, J. (2005). *Motivationspsychologie und ihre Anwendung.* Kohlhammer Verlag.

Werner, H. (2006). *Sozialpsychologie: Ein Lehrbuch.* Kohlhammer Verlag.

7 Abbildungsverzeichnis

8 Anhang

Reliabilitätsanalyse

Zusammenfassung der Fallverarbeitung

		N	%
Fälle	Gültig	354	100,0
	Ausgeschlossen[a]	0	,0
	Gesamt	354	100,0

a. Listenweise Löschung auf der Grundlage
aller Variablen in der Prozedur.

Reliabilitätsstatistiken

Cronbachs Alpha	Anzahl der Items
,832	58

BEI GRIN MACHT SICH IHR WISSEN BEZAHLT

- Wir veröffentlichen Ihre Hausarbeit,
  Bachelor- und Masterarbeit

- Ihr eigenes eBook und Buch -
  weltweit in allen wichtigen Shops

- Verdienen Sie an jedem Verkauf

Jetzt bei www.GRIN.com hochladen und kostenlos publizieren